保护我们的地球
生物与生物圈

中国出版集团 现代出版社

图书在版编目（CIP）数据

生物与生物圈 / 田力编著. —北京：现代出版社，
2012.12 （2024.12重印）
（保护我们的地球）
ISBN 978-7-5143-0912-6

Ⅰ. ①生… Ⅱ. ①田… Ⅲ. ①生物圈—青年读物 ②生
物圈—少年读物Ⅳ. ①Q148-49

中国版本图书馆 CIP 数据核字（2012）第 274979 号

保护我们的地球
生物与生物圈

作　　者	田　力
责任编辑	李　鹏
出版发行	现代出版社
地　　址	北京市朝阳区安外安华里 504 号
邮政编码	100011
电　　话	(010) 64267325
传　　真	(010) 64245264
电子邮箱	xiandai@cnpitc.com.cn
网　　址	www.modernpress.com.cn
印　　刷	唐山富达印务有限公司
开　　本	700×1000　1/16
印　　张	6
版　　次	2013 年 1 月第 1 版　2024 年 12 月第 4 次印刷
书　　号	ISBN 978-7-5143-0912-6
定　　价	47.00 元

前 FOREWORD

地球是我们人类赖以生存的家园。以人类目前所认知，宇宙中只有我们生存的这颗星球上有生命存在，也只有在地球上，人类才能生存。自古以来，人类就凭借着双手改造着自然。从上古时的大禹治水到今日的三峡工程，人类在为自己的生活环境而不断改造着自然的同时，却又自己制造着环境问题，比如森林过度砍伐、大气污染、水土流失……

每个人都希望自己生活在一个舒适的环境中，而地球恰好为人类的生存提供了得天独厚的条件。然而，伴随着社会发展而来的，是各种反常的自然现象：从加利福尼亚的暴风雪到孟加拉平原的大洪水，从席卷地中海沿岸的高温热流到持续多年不肯缓解的非洲高原大面积干旱，再到20世纪的1998年我国洪水肆虐。清水变成了浊浪，静静的流淌变成了怒不可遏的挣扎，孕育变成了肆虐，母亲变成了暴君。地球仿佛在发疟疾似地颤抖，人类竟然也象倒退了一万年似的束手无措。"厄尔尼诺"，这个挺新鲜的名词，象幽灵一样在世界徘徊。人类社会在它的缔造者面前，也变得光怪陆离，越来越难以驾驭了。

这套丛书的目的就是为了使广大青少年读者能够全面、系统地认识到我们人类已经或即将面对的各种环境污染问题，唤醒我们爱护环境、保护环境的心，让我们从一点一滴的环保行动做起，从这一刻开始，不因善小而不为，在以后的生活中多一分关注，多一分共同承担，用小行动保护大地球！

目录 CONTENTS

生态系统

为了生存和繁衍,每一种生物都要从周围的环境中吸取空气、水分、阳光、热量和营养物质。生物生长、繁育和活动过程中又不断向周围的环境释放和排泄各种物质,死亡后的残体也复归环境。所有生物都依照这个规律生活在一个生态系统中。

什么是生态系统

经过长期的自然演化,每个区域的生物和环境之间、生物与生物之间都形成了一种相对稳定的结构,具有相应的功能,这就是人们常说的生态系统。

生态系统环节

生态系统就好像一条繁忙的高速公路,任何一段发生事故,都会影响到整个公路的畅通。生态系统也是这样,一个环节被影响就会导致其他生物被牵连。因此,保护生态系统就必须重视每一个环节的衔接。

▲ 上图是热带雨林生态系统图,这里是自然生态系统中最繁荣,也是生物数量最多的自然环境。

生态平衡

在 生态系统内部,生产者、消费者、分解者和非生物环境之间维持着一种相对稳定的循环系统,这就是生态平衡。这种平衡是大自然中各个物种间长期调节稳定的结果,它维持着生态系统中每一个成员的正常发展。

生态平衡

生态平衡一方面是生物种类(即生物、植物、微生物、有机物)的组成和数量比例相对稳定;另一方面是非生物环境(包括空气、阳光、水、土壤等)保持相对稳定。生物个体会不断发生更替,但总体上看系统保持稳定,生物数量没有剧烈变化。

▼ 珊瑚礁的消失将使很多鱼和海洋生物失去栖身之所,从而给依靠这些生物生存的种群带来灭顶之灾。

🔺 麻雀多活动在人类居住的地方，是最易与人类和谐相处的鸟。麻雀要捕捉大量的破坏植被的昆虫来维持生命，从而为维护生态平衡做出了贡献。

自我调节

在破坏并不严重的情况下，生态系统可以进行有效的自我调节，以弥补被破坏的部分。例如，捕食者增多，被捕食者数量就会减少。而被捕食者减少会引起捕食者的食物短缺，最终导致捕食者因饥饿大量死亡，从而再次达到平衡。

保护生态平衡

生态失衡的危害

生态系统一旦失去平衡，会发生非常严重的连锁性后果。例如，20世纪50年代，我国曾发起把麻雀作为"四害"来消灭的运动。可是在大量捕杀了麻雀之后的几年里，却出现了严重的虫灾，使农业生产受到巨大的损失。

不断更新的生态平衡

生态平衡是动态的。在生物进化和群落演替过程中就包含不断打破旧的平衡，建立新的平衡的过程。

🔺 热带雨林生物链复杂，动植物都比较完整，遭受人类干扰因素最少，因此其自我调节能力更强。

生态系统的平衡往往是大自然经过了很长时间才建立起来的动态平衡。一旦遭到破坏，有些平衡就无法重建了，带来的恶果可能是人的努力无法弥补的。因此人类要尊重生态平衡，帮助维护这个平衡，而绝不要轻易去破坏它。

微生物

在生活中，我们天天都在接触微生物。你很难注意到它们的存在，因为它们实在是太微小了。微生物是无处不在的小生命，就在你的嘴里也有很多微生物，但是别害怕，那里的多数微生物都是我们人类的助手，它对我们的健康没有损害。

什么是微生物

微生物是包括细菌、病毒、真菌以及一些小型原生动物等在内的一大类生物群体，它们个体微小，却足以影响其他生物的生存发展。

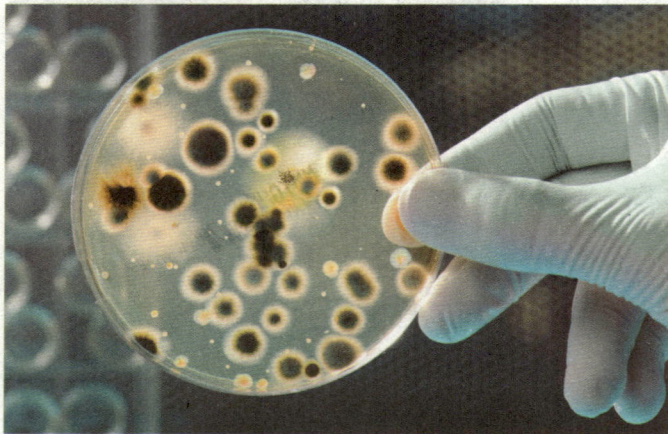

◀ 培养皿中的细菌

微生物的分类

顾名思义，微生物就是一群微小的生物。它们分为原核生物（细菌、放线菌、支原体等）、真核（真菌、藻类、原生动物）和非细胞类（病毒和亚病毒）三大类。

微生物的破坏性

无处不在的微生物有时候也会给人类带来很多麻烦和灾害。我们的食物腐烂，就是这些微生物引起的。而引起疾病的病毒也是微生物，因此对于人类来说，对抗某些有害微生物也是挽救自我的行动。

◀ 在炎热的夏天，微生物就会快速生长繁殖，分解食物中的营养素，导致食物中的蛋白质被破坏，腐化的食物就会发出难闻的臭味和酸味。

我和环保

苍蝇等飞虫身上带有很多的细菌，它们爬过的食物很容易被染上对人体有害的细菌。这些细菌会危害我们的健康，所以，我们要积极消灭这些携带大量有害微生物的"恐怖分子"。

救死扶伤的细菌

微生物的作用很广泛，我们生病打针用的青霉素就是从一种叫做青霉菌的微生物中提取出来的。它可以抵抗病毒，挽救人类的生命。

▼ 外层长着触角的病毒，也是微生物之一。

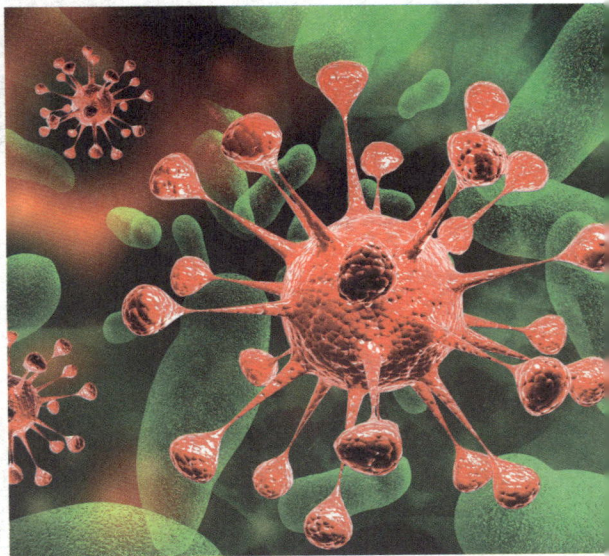

微生物和环保

对于环境保护来说，微生物也是非常重要的。微生物可降解塑料、甲苯等有机物，还能处理工业废水中的磷酸盐、含硫废气以及土壤的改良等。

动物保护

随着微生物和植物在这个地球上生根落户，动物也开始逐渐繁衍起来。作为生物界中的一大类，动物界不能像植物一样，通过光合作用从土壤中吸取营养。因此一部分动物选择吃植物来获取生存所需的营养，而另一部分动物则通过吃其他动物或者微生物来获得营养。

▲ 袋狼

消失的动物

在人类的进化史上，因为人为捕杀和环境破坏而消失的动物不计其数，其中有我们熟知的渡渡鸟、旅行鸽、袋狼、美洲大鹰等。

动物的分类

在自然界中，我们将动物分为两大类，它们分别是脊椎动物和无脊椎动物。脊椎动物包括鱼类、爬行类、鸟类、两栖类和哺乳类五大类。无脊椎动物包括原生动物、昆虫、甲壳动物等，占据世界上所有动物的90%以上。

▲ 白臀叶猴是世界著名的濒危物种，因其雄性臀部具有三角形白色臀斑而得名。我国的白臀叶猴已灭绝。

动物灭绝的速度

因为人类的干扰，地球上每 15 分钟就有一种动物灭绝，每天就有一两种植物消失。每当有一种植物消失，就会引起五种不同的昆虫绝迹。目前全球大约有 11% 的鸟类，25% 的哺乳动物，34% 的鱼类正濒临灭绝。

世界动物保护协会

世界动物保护协会是由成立于 1953 年的动物保护联盟（WFPA）与成立于1959年的动物保护国际联合会在1981年合并而成的。现今有13个办公室分布在世界各地，440多位动物保护专家分布在101个国家。

▲ 大熊猫是中国特有的珍稀动物之一，被誉为"国宝"，是世界人民喜爱和关心的宝贵自然遗产。尽管自然保护区的建立和天然林的停止砍伐给大熊猫的保护带来了希望，但大熊猫栖息地被破坏的问题仍较严重。

动物园里的谋杀案

在动物园里，饲养员发现一只梅花鹿突然死了，这只梅花鹿身体健康并没有什么疾病怎么会突然死去呢？难道是有人谋杀了它？是谁策划了这起"谋杀案"？

梅花鹿之死

2002 年，济南动物园里的一只梅花鹿突然死去了。经过解剖发现，这只梅花鹿竟然是因为长期吃不到食物而饿死了。

▽ 梅花鹿多在茅草深密、体色相似的地方栖息。它行动敏捷，听觉、嗅觉很发达，视觉稍弱，胆小易惊。由于四肢细长，蹄窄而尖，所以奔跑迅速，跳跃能力很强。

▲ 海滩上随意丢弃的白色垃圾一旦进入海洋，会对海洋生态系统带来危害，这只海龟正在吃游客丢弃在海滩的塑料袋。

罪魁祸首

经过检验发现，那块堵着小鹿让它活活饿死的东西竟然是由大量塑料袋缠绕组成的。这些塑料袋是一些游客在喂小鹿的时候无意甚至故意投给小鹿的。一些无知的人甚至看着小鹿吞食塑料袋还在一旁取乐。

斯里兰卡动物园

斯里兰卡中央动物园在2002年仅仅半年时间里就至少有10只动物因误吞了游人的塑料袋窒息而死。为此，斯里兰卡中央动物园决定，禁止游人将包装食物的塑料袋带入动物园。

发现"凶器"

公园工作人员通过解剖，从小鹿腹中取出了一大块固体物，这块固体物堵塞了胃的幽门，隔断了食物从胃到达肠子的"通道"，致使小鹿活活饿死。

📖 我和环保

当去动物园的时候，我们不要将携带的食物在未经管理员允许的情况下喂给动物，更不要向动物乱丢饮料和杂物。因为任何一个小的违规举动都可能给动物们带来危险。

▼ 在公园里喂鸽子时，千万不要把装食物的袋子丢弃给动物。

保护植物

植物是人类最熟悉的朋友,无论小草、蘑菇还是大树都是植物。我们吃的蔬菜和水果是植物的果实,它们不但味道可口,而且具有人体生长所需的营养。此外,植物还可以净化空气,让我们生活的空间更清新。

什么是植物

植物分为藻类、菌类、蕨类和种子植物,种子植物又分为裸子植物和被子植物。植物没有神经和感觉,不知道什么是疼痛,什么是痒。大多数植物含有叶绿素,可以进行光合作用。

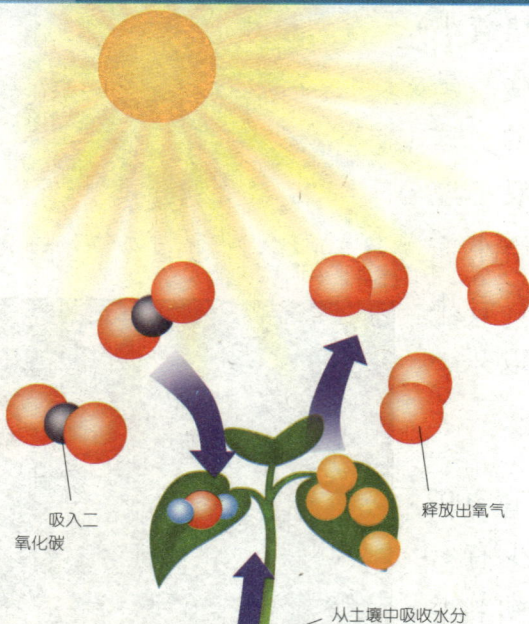

吸入二氧化碳

释放出氧气

从土壤中吸收水分

◁ 植物光合作用示意图

光合作用

白天，在阳光作用下，植物吸收二氧化碳，放出我们需要的氧气。但是，在晚上，植物却吸收氧气，呼出二氧化碳。这是因为光合作用必须在阳光照耀下才能完成。人类需要的氧气就是依靠植物来产生的。

△ 只有含叶绿素的植物才能进行光合作用。蘑菇本身没有叶绿素，就不能自己制造养料，所以它只能过"寄生虫"般的生活。

植物的灭绝

由于人类的乱砍滥伐和对水土的污染，地球上 30% ~ 50% 的植物在今后的 100 年内将不复存在。在人类活动的影响下，地球物种灭绝的速度超过其自然灭绝率的 1 000 倍！

△ 百山祖冷杉为世界最濒危的植物之一

挽救大颅榄树

非洲的渡渡鸟灭绝之后，一种渡渡鸟栖息地的植物大颅榄树也开始濒临灭绝。原来渡渡鸟喜欢吃这种树木的果实，大颅榄树的果实被渡渡鸟吃下去后，种子外边的硬壳被消化掉，这样种子被排出体外才能够发芽。最后科学家让吐绶鸡来吃下大颅榄树的果实，以取代渡渡鸟。

森林的作用

森林是人类的老家，人类的祖先最初就生活在森林里。森林提供了充足的野果、真菌、鸟兽给人们充饥，又提供了树叶和兽皮给人类做衣服。今天，森林依然为那些早已远离森林的人类提供着极其重要的生存保障。

食物的来源地

人类的祖先来自于森林，那里提供了丰富的食物，例如果子、种子、根茎、块茎、菌类等。泰国的某些林业地区，一半以上的粮食取自于森林。此外，森林中的动物也为人类提供了充足的肉食来源。

自然调度师

森林是大自然的调度师，它调节着自然界中空气和水的循环，影响着气候的变化，保护着土壤不受风雨的侵犯，减轻环境污染给人类带来的危害。

▼ 森林对人类生存的影响虽然看上去不像粮食和水那样直接，但是却在诸多方面影响着人类的生存。毁坏森林，就是人类的慢性自杀。

森林被称做地球的"温控室",因为森林中大量的植物在进行呼吸作用和蒸腾作用时,会释放出热量和水汽,从而影响到地球的气候变化。另外,植物还能吸收温室气体二氧化碳。

地球之肺

光合作用让树木有了净化空气的作用,它们在阳光下吸入二氧化碳,放出氧气。一棵椴树一天能吸收 16 千克二氧化碳,1.5 平方千米的阔叶林一天可以产生 100 吨氧气。城市居民每人要拥有 10 平方米树木才能获得足够的氧气。

我和环保

制作一次性筷子的来源通常来自于森林中的树木,因此,大量使用一次性筷子必然造成人们对森林的过度砍伐。为了保护森林,我们应该避免使用一次性筷子。

森林为鸟类提供了天堂般的生存环境。

生物的乐园

森林是生物赖以生存的乐园,这里没有人类的骚扰,有充足的食物和适宜的温度,没有干旱和风沙,是动物和植物生存的最佳场所。

绿色空调

在城市中，砖块和钢筋水泥铸造的墙早已将我们的生活空间分成了一块一块的独立个体。而人的聚集，让这个空间变得拥挤，植物的缺乏让我们不得不借助空调、加湿机等方法来营造一个适合人类居住的环境。其实，植物才是我们最好的空调和加湿机。

天然遮阳伞

夏天，植物吸收太阳光和热，给地面带来阴凉。当太阳辐射到达树冠时，约有1/4反射回大气中，约有2/3被树冠截留，只有5%～40%到达地表，因此温度会降低很多。

◀ 沙滩上的树荫成为了人们的一个乘凉场所。

绿化和气温

在工厂内，绿化区比无绿化区温度低 1℃ ~ 3℃，而湿度高 11.5%。在城市中，有行道树遮阴的马路比无行道树的温度要低 3℃，而湿度高 10% ~ 20%。

◁ 在房间里放盆吊兰，就可保持空气清新，不受甲醛之害。吊兰还能排放出杀菌素，杀死病菌。

▽ 松树的叶片能够分泌出具有杀菌作用的物质，人们称它为"杀菌素"。

污染克星

植物能吸收二氧化硫、氟化氢、氯、氨、臭氧、二氧化氮、汞蒸气以及乙烯、苯、醛、酮等有害气体。据测算，松林每天可以从1立方米的空气中吸收 20 毫克二氧化硫。

杀菌的植物

1万平方米地上的松树一天一夜能分泌30千克杀菌素，能杀死肺结核菌、白喉、痢疾等病菌。1万平方米圆柏林一昼夜能分泌30千克杀菌素，可以清除一个小城市的细菌。

湿地保护

湿地与森林、海洋并称全球三大生态系统,具有维护生态安全、保护生物多样性等功能,所以人们把湿地称为"地球之肾"、天然水库和天然物种库。然而,随着人类工业化的进程,污染和农田开垦逐渐在损耗着湿地的寿命,掠夺着湿地的资源,使大片湿地从地球上消失。

湿地的功劳

沼泽湿地像天然的过滤器,当含有毒物和杂质(农药、生活污水和工业排放物)的流水经过湿地时流速会减慢,有利于毒物和杂质的沉淀和排除。一些湿地植物能有效地吸收水中的有毒物质,净化水质。

▼ 湿地强大的生态净化作用,因而又有"地球之肾"的美名。

消失的湿地

历史上中国的湿地总面积曾达到 65.7 平方千米，但是 2004 年统计的时候仅剩了 38.48 平方千米，几乎下降了一半。湿地被严重破坏后，大批依靠湿地生存的生物也消失了。

保护湿地

2006 ~ 2010 年，中国政府根据《全国湿地保护工程规划》投入 70 多亿元，开展湿地恢复的试验性工作，保护和合理利用好湿地，并且把湿地保护纳入法律保护的框架内。

🔺 潘塔纳尔沼泽地内分布着大量河流、湖泊和平原。

🔻 国家一级保护动物丹顶鹤是湿地中栖息的鸟，食物主要是浅水的鱼虾、软体动物和某些植物的根茎。

丹顶鹤的故事

一个叫徐秀娟的女大学生为了救一只受伤的丹顶鹤而滑进了沼泽地，再也没有上来，人们为了纪念她而谱写了歌曲《丹顶鹤的故事》。一些人在破坏生态，然而还有更多的人却为了保护生态环境而奉献了青春和生命。

消失的纽芬兰渔场

多年以前，地理书描绘着日本北海道渔场、欧洲北海渔场和纽芬兰渔场这世界三大渔场。其中的纽芬兰渔场素以"踏着水中鳕鱼群的脊背就可以走上岸"著称。如今的纽芬兰渔场仅仅成为一段消失的神奇故事。

发现渔场

16世纪初期，英国船队在寻找通往亚洲的航路时无意间发现了鱼群多得惊人的纽芬兰渔场。随着纽芬兰渔场这一渔业宝库的发现，大批葡萄牙人、法国人和英国人纷纷来到纽芬兰浅滩捕鱼，并在纽芬兰岛沿岸建立起了一座座大小渔村。

▲ 巨大的捕鱼网

早期的捕鱼

早期的渔民每年都要定期休息，休息的日子正好赶上了鱼类繁殖的季节。这种传统的捕鱼方式避开了鳕鱼群的繁殖季节，保证了鱼群能够不断地繁衍。

贪婪的人类

海岸边的渔轮

当20世纪工业化进程的优越性体现到捕鱼业时，灾难降临了。渔轮夜以继日地作业，不顾鱼类是否处于繁殖季节。据统计，这种大规模作业的渔轮一个小时便可捕捞200吨鱼，是16世纪一条传统的渔船整个渔季捕捞量的两倍。

当人类的索取超过了海洋能够负载的限度时，海洋的渔业资源就开始逐渐萎缩，最终走向灭绝。

破坏环境的代价

经过肆意的捕捞，到20世纪90年代，鳕鱼数量下降到20年前的2%，达到了历史最低点。1992年，加拿大政府被迫下达了纽芬兰渔场的禁渔令，终结了近500年的纽芬兰第一大产业——捕鱼业。

消失的渔场

禁渔令颁布十多年后，纽芬兰渔场仍然是一片寂静，昔日看似取之不尽的鳕鱼如今却寥寥无几。今后，我们只能从历史书上看到这个昔日热闹的渔场了，而这一切都是人类无止境的贪婪造成的。

魔鬼油污

海洋本身具有一定的污水处理能力,少量的污水进入海洋是可以得到有效的分散而将有毒物质的危害降至最低的。然而有些污染物一旦进入了海洋中,就会产生严重的后果,石油就是其中之一。

救命还是要命

1967年3月,"托里峡谷"号油轮发生漏油事件,救援小组迅速展开行动,在海上喷洒清洁剂降解浮油,海军航空兵则试图用凝固汽油弹烧掉浮油。但是这并没有给海洋生物带来福音,在泄油事件中幸存的海洋生物要么葬身火海,要么渐渐中毒死去。

海獭的悲哀

在石油污染中,被油污毒害的海獭在援救者的帮助下转移到了未受污染区。然而,病毒也随着被污染的海獭带到了未受污染区而传染给了健康的海獭。

▼ 被石油污染的海面

被石油污染的海鸟

"威望"号

2002 年 11 月 19 日，装载着 6 万吨原油的巴哈马油轮"威望"号在西班牙西北部海域失事，漏出数万吨原油污染了海面，1 万多只海鸟因为原油污染而死亡，当地渔业也遭受到严重威胁。

被油污杀害的企鹅

2008 年 8 月，巴西的警察发现在巴西南部海滩上至少有 180 只企鹅尸体被冲上海岸，据警方调查，这些企鹅的死亡都是与附近的一起严重的原油泄漏事故有关。

石油运输管道泄漏的石油一旦进入附近的河流，将会给水中的鱼带来灭顶之灾。

罪恶的偷油者

一些不法分子盗取石油之后慌张逃跑，并不管那些从钻孔或者管道泄漏的石油，这些石油泄漏出来之后便严重地污染了附近大片的农田。

消失的珊瑚礁

珊瑚是由许多珊瑚虫的石灰质骨骼聚集而形成的东西，经过上百万年的积累后就会形成珊瑚礁。珊瑚礁为许多海洋生物提供生存环境，海水污染和人类开采会使珊瑚礁缩小或消失，破坏珊瑚礁生态系统。

珊瑚礁的形成

珊瑚礁并不是岩石，而是由一种叫做珊瑚虫的海洋小动物制造的。组成珊瑚礁的其实就是珊瑚虫的骨骼，新的珊瑚虫生长在死去的珊瑚虫骨骼上，一代接一代地生长才形成了巨大的珊瑚礁。

▼ 珊瑚礁

来自人类的威胁

对于珊瑚礁来说人类是它们最大的威胁。陆地上的污染和过度捕捞对这些生态系统造成了严重威胁，一些炸鱼和毒鱼的原始捕捞方式也对珊瑚虫造成了严重的损害。

不断消失的珊瑚礁

根据相关科学组织和环保组织的数据显示，目前全球珊瑚礁破坏速度在不断加快，在50年内全球70%的珊瑚礁会消失。

◀ 棘冠海星喜欢吃珊瑚，它们把珊瑚表面的珊瑚虫吃掉，留下白色的珊瑚骨骼，造成活珊瑚大量死亡，使珊瑚礁遭到严重破坏。

白化的珊瑚礁

厄尔尼诺现象让海水的温度升高，部分学者认为这是导致珊瑚礁白化现象的主要原因之一。一些靠近污染源的大量珊瑚死亡，而一些离污染源远的地区的珊瑚礁在此后逐渐获得恢复。

▶ 海底珊瑚礁

虫灾

"**千**里之堤，毁于蚁穴"并非危言耸听。白蚁毁坏大坝并不是夸张的描写，在我国古代就有大量记载。白蚁在堤坝内建立巢穴，蚁巢穴四通八达，将堤坝内的结构破坏。当水位升高时，堤坝就会出现漏水，甚至垮塌。

▲ 白蚁

白蚁灾害

白蚁不仅会破坏农作物，还会破坏树木。对于人类来说，更严重的是它们对房屋建筑物的破坏。对于木结构房屋来说，它们的破坏力更大。白蚁的特点是扩散力强、群体大、破坏迅速，可以在短期内造成巨大损坏。

白蚁是蚂蚁吗

白蚁和蚂蚁并不是同一种动物，白蚁体软而小，通常长而圆，白色、淡黄色、赤褐色直至黑褐色。嘴长在头的前端或前下方，还有念珠状的触角。全世界已知的白蚁有2 000多种。

对抗白蚁

人们通常在白蚁较多的地区建立隔离带，就是将白蚁惧怕的杀虫剂倒入房屋四周的泥土中形成隔离带。在木制房屋中涂隔离药物，防止白蚁侵蚀。而一旦已经发现白蚁，便要打开蚁穴，用专用药物进行群体杀灭。

我和环保

鸟类、青蛙和蛇都是蝗虫的天敌，只要保护鸟类，不猎捕青蛙和蛇，蝗虫就会被限制住，无法产生大范围的破坏。

蝗虫

蝗虫也叫做蚂蚱，通常为褐色、绿色或黑色，头部大，触角短，外骨骼坚硬。它们后腿肌肉强劲有力，这使它们成为跳跃高手，它们还有一定的飞行能力。它们喜欢吃肥厚的叶子和农作物。

▲ 地下的白蚁会破坏农作物的根，破坏农田生态环境。

蝗虫带来的灾害

1979年，在美国密苏里河西部的14个州的牧场和农田都被密密麻麻的蝗虫覆盖。蝗虫所过之处，农作物几乎颗粒无收。在华盛顿，蝗虫甚至铺满了路面，令汽车都无法安全行驶。

▼ 正在啃食农作物的蝗虫

人工森林

浓密翠绿的树林是大自然不可缺少的一抹色彩,但是因为人类的乱砍滥伐,许多森林消失了,幸好土壤还没有变得不可收拾,所以人们要种植树林,补充土壤植被,保护环境。

重要的人工林

如果一个地区的森林被大面积砍伐,这里的气候就会很快改变,如果在气候坏得不可收拾以前让森林恢复一部分,就可以阻止气候继续变坏。如果森林恢复得足够好,气候也许会好转。

▼ 人工森林使得变坏的气候得到了改善

人工森林的特点

如果你去过人工森林，会发现人工森林里的树木几乎都是同一种树木，这都是因为人工林需要快速长成树林，栽种者就会选择最容易成长的树种来种植，所以人工林的树木种类单一。

我和环保

在 20 世纪 60 年代，周恩来总理指示要在我国西北、华北和东北建立起人造防护林，改善当地环境。今天，"三北"防护林初具规模，为改善环境发挥着巨大作用。

▲ 人工森林

人工森林的优缺点

人工林在短时间内就可以长成树林，美化环境，为人们创造一片清净美好的生活空间，比如一片以针叶林为主的人工林，只要十多年的时间就可以长大，显著改善当地植被条件。但是人工林的生态系统不稳定，很容易被虫害击垮。

沙漠生态系统

炽热的沙漠向来被人称作生命的绝地，荒凉和恐怖的地方。其实，沙漠里也有着一群特殊的住户，这里并不是完全没有生命。如果你看了下面的内容，你会发现沙漠中其实也有很多的"常住居民"。

沙漠的形成

沙漠是地球地表上覆盖的一层厚而细软的沙子，和海边的沙滩一样。但是，沙滩是海水冲刷形成的，而沙漠是长期风化形成的。风用很漫长的时间将石头吹裂，形成了细小的沙子。

▼ 沙漠中的骆驼队

"人造"沙漠

有些沙漠并不是天然形成的，而是人为造成的。如20世纪的美国在1908～1938年间，由于滥伐森林9亿多亩，大片草原被破坏，结果使大片绿地变成了沙漠；苏联在1954～1963年的垦荒运动中，使中亚草原遭到严重破坏，非但没有得到耕地，还带来了沙漠灾害。

▲ 沙尘暴带来的风沙掩埋了道路和农田。

变脸的沙漠

风造就了沙漠，也在不断改变着沙漠的面貌。沙漠地区风沙大、风力强。最大风力可达 10 ~ 12 级。强大的风力卷起大量浮沙，形成凶猛的风沙流，不断吹蚀地面，使地貌发生急剧变化。它还会以沙尘暴的形式影响其他的地区，甚至扩张沙漠的范围。

我和环保

我国著名科学家竺可桢经过对沙漠生态气候的研究，撰写了著名的环保文章《向沙漠进军》。这篇文章主张开展沙漠化防治，通过植树造林等方法让沙漠变成良田。

沙漠中的植物

胡杨树不仅耐盐碱而且耐干旱，树根可以扎入地下10米吸取水分。坚韧的胡杨树是抵御沙漠侵袭的最佳屏障。仙人掌是干旱地区生长的典型植物，叶子变成了针状，完全避免了热量的散发，可以在沙漠等缺水地区生存。

▶ 胡杨能忍受荒漠中干旱、多变的恶劣气候，对盐碱有极强的忍耐力。

曼彻斯特桦尺蛾

野 战部队在不同的地形下会使用不同颜色的迷彩服，目的是适应当地环境,隐藏自己。曼彻斯特的桦尺蛾似乎也学会了这个本领。它们在 100 年里从灰白变成了黑色,这究竟是怎么回事呢? 就让我们为你揭开这个变色的奥秘。

曼彻斯特

14 世纪,法兰德斯的羊毛和亚麻纺织工人在曼彻斯特定居下来,开创了最早的纺织系统。曼彻斯特的运河、充足的水和煤炭供应使这里成为重要的纺织中心和经济文化枢纽。

什么是桦尺蛾

桦尺蛾是桦树的主要害虫,因此中文学名叫桦尺蛾,英文则称之为"斑点蛾",这是因为在 19 世纪中叶之前人们见到的这种蛾都是浅灰色的翅膀上散布着一些黑色斑点。

🔷 桦尺蛾幼虫

桦尺蛾变色

19世纪中期以前，曼彻斯特地区95%以上的桦尺蛾是浅灰色的；20世纪中期以后，该地区95%以上的桦尺蛾却成为黑色突变型。

▤ 桦尺蛾

污染和变异

曼彻斯特工业革命后，生产中大量使用煤炭，煤烟造成的污染区中，由于黑色桦尺蛾借以栖息的树干上原先覆盖的浅灰色地衣不能生存，树皮表面变成了黑色，黑色桦尺蛾不容易被捕食它的鸟类发现，而浅色的桦尺蛾容易被捕食它的鸟类发现从而难以生存。

▶ 黑色桦尺蛾

蒸汽和煤炭

工业革命后，蒸汽机开始被广泛应用于工厂生产之中。蒸汽机的动力来源就是燃烧煤炭加热水产生的蒸汽，因此，煤炭成为工业生产中不可缺少的燃料，而煤烟污染也就成为工业革命的负面影响。

人类对进化的影响

人类是根据进化论自然选择而产生的,在漫长的进化过程中不断受到自然界的影响。同时,人类的一举一动也在改变着自己生存的环境,甚至影响到这个环境中其他物种的进化路线。

经过长期不懈的驯养,人类才驯化出具有不同特征和功能的家狗。

驯兽

人类影响动物进化,这可不是什么危言耸听的事情。在很早以前,人类的老祖先就将野生的猪、狗、马等动物驯化为人类的家畜。家养的猪不像野猪那样有獠牙,家里养的马也比野马温顺很多。

改变植物的进化

如今,人类更加积极地投身到对人类发展有益的进化改良中。例如,改变水稻品种,使得粮食的产量大幅度提高。改变一些植物的基因,让它们的抗病虫害能力提高。

基因工程

人类通过克隆技术甚至直接影响到了动物的进化和繁衍规律。此外，克隆技术一旦成为人类抗击疾病的手段之一，那么人类还将影响自身的进化。

▲ 世界上第一只克隆动物多利羊在它度过 6 岁半的生命后就夭折了。科学家们表示，这很可能意味着目前的克隆技术尚不完善。

我和环保

灰熊和北极熊原本是一对冤家，但是由于人类的活动产生温室效应，北极熊在逐渐改变着自己的生活习惯，甚至有极少数北极熊开始和灰熊结为夫妻。

转基因食品

转基因食品就是利用现代分子生物技术，将某些生物的基因转移到其他物种中去，改造生物的遗传物质。科学家培育出了一种能预防霍乱的苜蓿植物，用这种苜蓿来喂小白鼠，能使小白鼠的抗病能力大大增强。

◀ 生态环境遭到毁灭性的破坏，致使白鲸数量锐减。一批批白鲸相继死亡。

污染的影响

对于自然影响最大的还是人类的污染，因为人类工业化程度的提高，污染也逐年加重。在人类工业进程中，数以万计的动物在人类文明进化的同时被污染夺去性命。

基因的忧虑

人 类的科学知识达到了前所未见的高度,人类利用基因科学知识改造生物基因,比如改造农作物,使产量提高。但是基因改造也可能带来不利之处,对自然环境产生不可预料的危害,比如抗虫害强的农作物会培养出更厉害的害虫。

DNA 双螺旋

DNA 缠绕在核蛋白上,形成复合体。

更多的复合体聚集在一起,构成染色体的微结构。

大量微结构组成染色体很小的一部分。

▶ 染色体结构示意图

整个染色体就是由这些微小结构组成的。

什么是基因

基因是携带遗传信息的RNA和DNA序列,也叫遗传因子。它一方面可以忠实地复制自己,将遗传信息传给下一代,另一方面也会产生突变。之所以儿子长得会像父亲,就是受到了基因中遗传信息的影响。

转基因

不同品种和类型的狗进行交配后产生了与父母都不一样的后代,就是由于产生了基因的转移。而科学上讲的转基因则是按照人类的目的进行的有计划的基因转移。

外来基因

含有组合基因的染色体

组合起来的基因

植物本身基因

含有组合基因的一段染色体

转基因植物

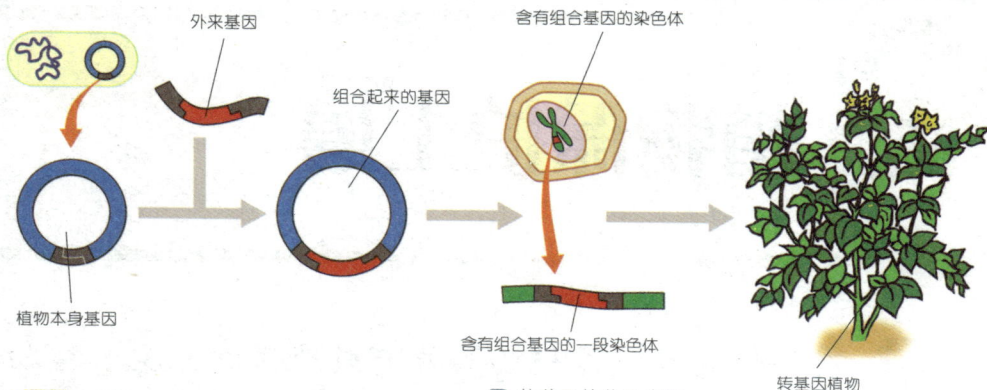

▲ 转基因植物示意图

转基因动植物

转基因动植物是人造的生物，不是自然界原有的品种，对地球的生态系统来说，它们都属于外来品种。至今，也没有任何政府和联合国组织声称转基因食品是完全安全的。

▲ 转基因后患上疯牛病的牛

转基因危害

由于转基因的生物一样有繁殖及与近亲交配的能力，当转基因物种在自然界大量繁殖的时候，很有可能会让自然物种逐渐消失，造成不可挽回的损失。

基因环保

基因芯片可高效地探测到由微生物或有机物引起的污染，还能帮助研究人员找到并合成具有解毒和消化污染物功能的天然酶基因。这种对环境友好的基因一旦被发现，研究人员就会将把它们转入普通的细菌中，然后用这种转基因细菌清理被污染的河流或土壤。

植物保护土壤

没有任何生物能像植物那样有效地保护土壤。植物将深入土壤的根系延伸到很深的地下,汲取土壤中的水分。在有植物生长的地方,土壤被植物的根牢牢抓住,风吹雨淋都无法轻易地掠夺这些土壤。

土壤卫士

泥石流是因为地面没有任何植被覆盖,在大雨过后,泥土沙石随水流而移动造成的。如果有足够的植物覆盖在地面上,水就会通过松软的土壤进入地下,表面的土壤就会被植物保护,不容易被水冲走了。

△ 森林植物发达的根系能起到防洪固土的作用。

土壤肥力

土壤及时满足植物对水、肥、气、热要求的能力,称为土壤肥力。肥沃的土壤同时能满足植物对水、肥、气、热的要求,是植物正常生长发育的基础。

让植物变色的土

植物赖以生长的土壤中一旦含有不同成分的金属物质，就会产生不同的变异。例如园林工人用施加铁、铝的办法可以使红绣球花属的一种植物的花变为蓝色。

🔺 绣球花花朵的颜色会随土壤的酸碱值变化，而其主要改变的原因就是土壤中铝元素含量改变而造成的，简单来说就是绣球花花中的色素与铝元素结合所造成的结果。

恢复生机的沙漠

沙漠边上种植的防护林可以有效地抵挡风沙的侵袭，土壤会慢慢聚集在树木的附近。正是这些防护林，让沙漠重新恢复了生机。

我和环保

我国将每年的 3 月 12 日定为植树节，以鼓励全国各族人民植树造林，绿化祖国，改善环境，造福子孙后代。

🔻 沙漠中的绿洲

乱砍滥伐

人类的发展伴随着对森林的砍伐和破坏,随着地球上人口的不断增长,人们对木材的需求也不断增长。随着人类的乱砍滥伐,植被也在不断减少。

无私奉献的森林

森林对提高环境质量有着极为重要的作用。据计算,1公顷茂盛的阔叶林,每天能吸收二氧化碳 1 000 千克,放出氧气 730 千克,一年中能蒸发 800 万千克水,使环境空气湿润,降水增加,冬暖夏凉,起到调节气候的作用。

▽ 乱砍滥伐和过量采伐会破坏森林的完整性,导致水土流失,破坏许多动物赖以生存的环境,破坏了森林的自然调节控制作用。

不断减少的森林

在人类的乱砍滥伐下,世界上的森林在不断减少。世界上森林面积在历史上曾达到760万平方千米,覆盖着世界陆地的2/3。从19世纪的1862年降到550万平方千米,到20世纪的1975年减少到260万平方千米。

▲ 森林遭破坏后,在暴雨作用下,山体产生的滑坡、山崩、断崖现象就是泥石流造成的。

黄河本不黄

黄河原本也拥有清澈的河水,由于黄河沿途的人们从远古时期就不断砍伐河边的树木,造成水土流失。大量的泥沙流入河水中,使黄河的水逐渐被泥沙搅浑,渐渐泛黄的河水使人们将它命名为黄河。

◀ 山上的林木被逐渐砍伐,造成黄河的水也由以前的清澈逐渐浑浊变黄。

砍伐带来的水灾

1998年,我国长江发生特大洪水灾害。经过专家分析,造成水灾的重要原因之一是长江上游的森林、植被大量减少,造成树木水调节功能减弱。此后,人们开始努力植树造林,积极保护森林,遏制乱砍滥伐。

消失的土地

在数千年的时间里,人类和沙漠的战斗总是以人类的失败告终。大片的良田和绿洲被沙漠所吞噬,人类只能被沙漠赶离家园。随着人类环保意识的增强,一批批防护林被建立起来,抵御沙漠的进攻。

人类的过错

自然的沙漠化现象是一种以数百年到一千年为单位的漫长的地表现象,而人为的沙漠化则是以十年为单位。土地荒废,沙漠蔓延,由此带来的饥饿和灾难又以更加残酷的方式报复那些破坏自然的人类。

▼ 逐渐沙化的土地

🔺 这是一片被沙漠包围的绿洲，也是沙漠中旅行的人们所期盼的中转站。历史上曾经有很多这样的绿洲，但是在人类和沙漠的双重威胁下，它们变成了废墟。

我和环保

保护土壤的最好方法就是植树了，植树讲究"一垫二提三埋四踩"：在挖好的树坑内垫一些松土，栽种时提一提树干，埋树的土分三次埋下，每埋一次要踩实土壤，其间至少要踩四次。

曾经的绿洲

科学家在撒哈拉沙漠中发现了很多原始人的骸骨，最终证实撒哈拉大沙漠在数千年前的确是气候宜人的绿洲。后来，沙漠吞噬了这些绿洲，将一个个人类文明埋葬在了黄沙之下。

盐碱化的土地

盐碱土是地球陆地上分布广泛的一种土壤类型，约占陆地总面积的25%。仅我国，盐碱地的面积就有33万多平方千米。在山东省的黄河三角洲地带，每年新增加的盐碱地达60多平方千米。

🔲 盐碱地由于土壤内大量盐分的积累，引起表层土壤盐渍化的加剧，使植物根系及种子发芽时不能从土壤吸收足够的水分，甚至还导致水分从根细胞外渗，使植物萎蔫甚至死亡。

草原上的生物

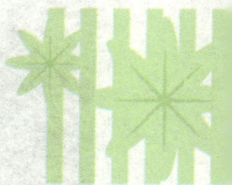

"**蓝**蓝的天上白云飘，白云下面马儿跑。"这是一句描写草原的歌词。草原种类很多，不同的草原上分布着不同的动物，这些草原居民在适应了草原的生活之后就很难离开草原生存了，因此一旦草原环境出现问题，必然导致草原生物的危机。

风吹草低见牛羊

"风吹草低见牛羊"的诗句形容了草原的茂盛和富饶，但是牛羊过多也会危及草原的环境。因为，一定面积的草原只能提供给一定数量的动物生存，一旦过量，草原就会因无法及时恢复而荒芜。

▼ 植物有防沙固土的作用，过度的放牧或开垦草原会使土壤因失去植被保护而逐渐荒漠化。

草原鼠灾

随着大气温室效应的加剧，草原干旱少雨，草原生态环境随着干旱和放牧压力的加大而严重恶化。老鼠开始大量的繁殖，侵害草原，最终使草原变成一片荒凉的戈壁。

△ 草原犬鼠对草根的破坏导致草原犬鼠遭到大规模捕杀，以至于濒危灭绝。

草原上的清道夫

澳大利亚草原上牛羊太多，排放的动物粪便使草无法正常生长，破坏了草原的生态平衡。澳大利亚立刻从中国进口了一批屎壳郎，这些屎壳郎进入草原后很快将那些粪便清理干净，恢复了草原的生机。

战斗中的草原

草原上的兔子和老鼠如果繁殖得过多，就会给草原带来严重的破坏。但是，我们不用担心，因为大自然安排了最好的处理方式，它让草原上的蛇和鹰来捕捉这些动物，以达到草原生态平衡。

海獭和海胆

海胆喜欢吃海水中的海藻,虽然它浑身是刺却依然是海獭眼中的美餐。它们三者在水中构成了一个稳定的生物链,缺失了任何一环都会产生不可估量的后果。

海胆

海胆喜欢在含盐度高的水域生活,喜欢吃海藻等海洋植物,它们在地球上已经存在了上亿年。海胆身上的刺会放出毒液麻痹甚至毒杀其他动物,因此被称为"海洋刺客"。

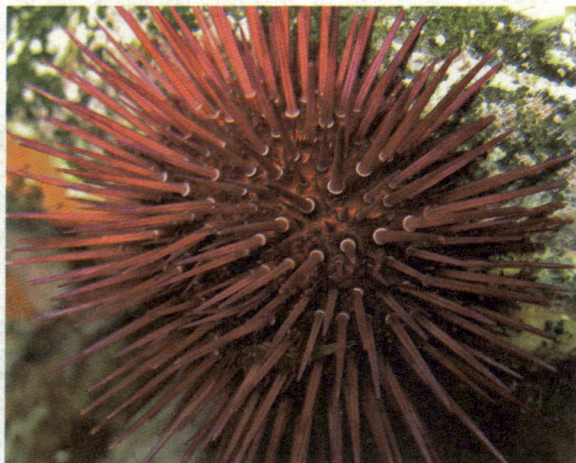

🔺 海胆以海藻为食,而海獭捕食海胆。在巨藻根部生长着其他小型海藻,它们给鱼、海胆以及其他动物提供了栖身之处。

海獭

海獭是海胆的天敌。它们睡觉或休息之前,海獭会用长长的海藻把自身和不会潜水的幼崽缠绕起来,这样可以借助海藻牢牢地扎在海底,从而避免被海浪冲走或甩到礁石丧命。

海藻和它的敌人

海藻也叫做海草，这些也就是人们常说的海带、紫菜等。海胆主要以海藻为食，栖息在海藻繁茂的海礁石缝中，一旦大规模繁殖，咬食海藻的根，就会破坏海藻局部生态。

被破坏的生态圈

海獭因为其走俏的毛皮被人类疯狂捕杀，海胆开始没有节制地繁殖，破坏了海藻群，依赖海藻环境生存的一些鱼也慢慢离去，以鱼类为主食的海狮也因此得另觅新家。

▶ 海藻是像草一样的海生植物。它们能从海底长到海面，在大海中海藻扮演的角色就像森林中的大树。

▶ 海獭

贪婪的人类

海獭是稀有动物，只产于北太平洋的寒冷海域。海獭的身上长有动物界中最紧密的毛发。因此，贪婪的人们为了获得这种珍贵的皮毛而大肆捕杀海獭，使得海獭的数量不断减少。

狼和鹿的故事

自然界中遵循着一个优胜劣汰的进化过程,强者生存也是维系生物种群的最好方法。然而,人类一些无知的举动却打乱了这个优胜劣汰的过程。

阿拉斯加的狼

阿拉斯加自然保护区曾经是狼与鹿共同的家园。鹿是狼的美味食品,凶猛的狼常常把鹿群追得四分五裂,许多弱小的鹿成了狼嘴里的食物。为此,鹿总是要不断地奔跑,来强健自己的体魄。

▶ 狼吃掉一些鹿后,一方面控制了疾病对鹿群的威胁,另一方面可以减少给森林带来巨大的生态灾难。

人类的干预

人们都很同情那些弱小的鹿,于是杀掉了袭击鹿群的狼。几年后,阿拉斯加自然保护区已经几乎找不到狼了。失去了狼的威胁,鹿群开始迅速繁殖壮大,种群数量不断增加。

死于安乐

失去了天敌的鹿没有任何危机感，也就不再需要奔跑。这样，缺乏锻炼，它们的体质、体能与健康状况不断下降，导致幼鹿成活率很低，成年鹿得病率高，种群数量自然下降，大批死亡。

🔺 鹿没有了天敌，终日无忧无虑地饱食于林中。十几年后，鹿群由 400 只发展到 40 000 只。然而鹿的体态愚笨，失去了昔日的灵秀，植物也因鹿的迅速繁殖和践踏而凋零了。

我和环保

猫和老鼠是一对天敌，但是现在大多数猫在人类的精心照料下已经丧失了捕捉老鼠的才能。因此，人类应该适当节制自己的行为，只有这样对猫群来说才是有益的。

狼的回归

人类为了保护鹿而去杀狼，这就破坏了自然界的平衡，人类保护鹿的愿望不但没有实现，还因此给鹿带来了灭顶之灾。意识到自己过错的人类急忙将狼请了回来，从此，鹿又重现了生机。

🔻 狼的回归维持了自然界的平衡

食物链

俗话说："大鱼吃小鱼，小鱼吃虾米，虾米吃泥巴。"这是对食物链的生动描述。它反映了生态系统中捕食者与被捕食者的关系。一个物种灭绝，就会破坏生态系统的平衡，导致其他物种数量的变化，因此食物链对环境有非常重要的影响。

什么是食物链

各种生物通过一系列吃与被吃的关系，把这种生物与那种生物紧密地联系起来，这种生物之间以食物营养关系彼此联系起来的序列，在生态学上被称为食物链。

食物链中的角色

生态系统中的生物虽然种类繁多，并且在生态系统中分别扮演着不同的角色，根据它们在能量和物质运动中所起的作用，可以归纳为生产者、消费者和分解者三类。

▼ 海洋中鱼类之间的食物链

◀ 鹰

恶性循环

如果一种有毒物质被食物链的低级部分吸收，如被草吸收，虽然浓度很低，不影响草的生长，但兔子吃了草之后，有毒物质会逐渐在它体内积累，鹰吃大量的兔子，有毒物质会在鹰体内进一步积累，鹰死之后尸体腐烂，毒再次进入土壤。

污染食物链

人类的工业排放物很多都对人体和自然界有害，一旦被土壤吸收，土壤又会将毒输送给植物。动物或者人吃了这些有毒的植物就会产生疾病。人类是食物链的最顶端，所以污染食物链就是在自杀。

▽ 兔子

食物网

因为多种生物能消费一种以上的动物或植物,所以各食物链往往相互纠缠在一起,形成了一个复杂的食物网。对于食物网来说,生态系统越稳定,生物物种越丰富,食物网也越复杂,食物网维持着生态系统的平衡。

什么是食物网

一个生态系统中常存在着许多条食物链,由这些食物链彼此相互交错连结成的复杂营养关系就是食物网。食物链中一个种群的灭绝就会破坏整条食物链,而对于整个食物网来说,一个种群的灭绝会很快被食物网的其他食物链所弥补。

保护食物网

食物网是生态系统长期发展形成的。人为地摘掉其中的某一个环节,将使生态平衡失调,甚至使生态系统崩溃。肆意捕杀野生动物,污染环境都会破坏食物网的完整,造成严重的生态破坏。

▲ 正在分食猎物的猎豹

连锁反应

　　如果森林中的鸟类减少，一些昆虫就会因为少了天敌的威胁而暴发性增长，树木的枝叶会因为昆虫的大量进食而受到危害。

◀ 啄木鸟强直尖锐的喙可以消灭树皮下的害虫，被称为森林医生。

错综复杂的网

　　在生态系统中生物之间实际的取食和被取食关系并不像食物链所表达的那么简单，狼不仅吃鹿，还吃牛羊等其他动物，而狼又有可能被豹、狮子等捕食。这些食物链相互穿插，组成了一张复杂的网络。

我和环保

　　食物网是一个相互联系的整体，如果在食物网中出现可怕的病毒，那么这些病毒就很有可能蔓延到整个食物网。因此，我们应该避免污染环境的事情发生，同时拒绝吃野生动物。

▼ 食物网

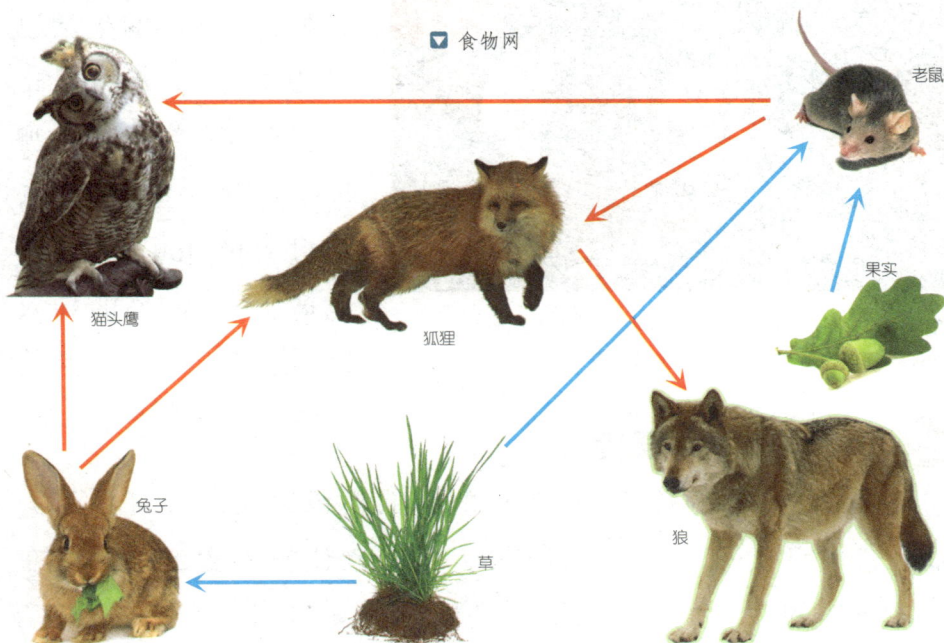

老鼠

果实

猫头鹰

狐狸

狼

兔子

草

森林危机

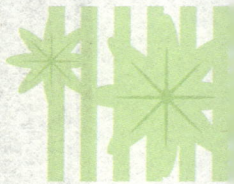

森林是地球的肺，它提供给全球生物生存所需的氧气，调节大气的循环。森林中的动物和树木相伴，它们缺了彼此都将面临生存危机，而能解决这个危机的也正是制造这些危机的人类。

🔺 亚马孙热带雨林不仅是个绚丽多姿、丰富多彩的植物王国，而且还是个波澜壮阔、博大精深的动物世界。

🌿 鸟类的消失

过去"春眠不觉晓，处处闻啼鸟"的生活已经很难在今天的城市里找到了，鸟儿都去哪里了？科学家们推断，在过去的 400 多年中，地球上约有 5% 的鸟灭绝，近 150 年来，鸟类约灭绝了 800 多种。

🌿 鸟类消失的原因

人们对鸟类的捕杀、对森林的乱砍滥伐以及对环境的污染都是造成鸟类灭绝的主要原因。人们砍伐树木盖起高楼，在森林动物的眼中，人类就是一个凶恶的入侵者。

▲ 黄石国家公园的野牛

国家公园

1832 年，一个美国艺术家在旅行的路上，看到美国西部大开发对印第安文明和当地野生动植物的破坏而深表忧虑，他倡导建立一个国家政策性的大公园以保护生态环境。1872 年，美国国会批准设立了美国，也是世界最早的国家公园——黄石国家公园。

我和环保

春秋时著名政治家管仲曾说"十年之计，莫如树木"，明确指出植树造林是一件长久之计。明朝开国皇帝朱元璋鼓励种树，严令他家乡凤阳的居民，每年都必须种桑、枣、柿树两棵。

保护森林

当森林逐渐减少，很多动物永远地离我们而去的时候，人类开始思索自己的过失，为犯下的错误进行弥补，以避免更多的动物种群灭绝。植树造林，退耕还林等都是人类积极弥补的措施。

▶ 乱砍滥伐导致森林大面积被破坏。

麻雀和樱桃

至高无上的国王可以按照自己的意愿去要求国民为他服务，但是自然界却不会照顾他们的地位和身份。违抗了自然界的规律，无论是谁都要受到惩罚。普鲁士的国王就被麻雀折腾了好几年，他从杀麻雀到请麻雀回来究竟经历了怎样的过程，看了下面的故事你就明白了。

国王的法令

1774年，普鲁士腓特烈大帝以麻雀偷吃粮食为由颁布了一道法令：在全国范围内消灭麻雀，并宣布杀死麻雀有奖赏，民众争相捕捉麻雀。

◢ 腓特烈大帝为绞杀麻雀而颁发的法令，也就是这张法令让麻雀在18世纪的普鲁士彻底绝迹了。

◢ 腓特烈大帝

爱吃樱桃的国王

腓特烈大帝很喜欢吃樱桃。令他感到懊恼的是，麻雀也喜欢吃樱桃，为了保护自己的樱桃不被这些馋嘴的麻雀吃掉，他开始想方设法消灭这些麻雀。

▶ 樱桃

虫灾

在消灭麻雀的悬赏令颁布了几年之后，麻雀从普鲁士的国土上消失了。然而，害虫开始肆无忌惮地繁殖和侵害农作物，严重影响了农业收成，粮食收成减少，果树叶子被吃光，连果子都不结，最后造成了大饥荒。

🔼 麻雀的确会在食物缺乏的时候偷吃粮食，但是相比较而言麻雀消灭的害虫远远比它们吃掉的粮食多。如果没有麻雀来捕食害虫，那么我们损失的粮食将比麻雀吃掉的多很多。

找回麻雀

在饱受虫灾之后，腓特烈大帝意识到了他的法令带来的后果，于是收回了自己的法令。他派人从国外引进麻雀，这些麻雀来到普鲁士后，普鲁士的果树才恢复了生机。

企鹅肚子里的农药

做 饭之前我们将蔬菜很仔细地清洗,以去除蔬菜上的农药。一些烈性农药甚至被国家禁用了,因为它会污染大气、水和土壤。奇怪的是科学家竟然在不存在农药的南极企鹅身体里发现了农药的成分。

南极的发现

美国研究人员在南极考察中发现,在全球大部分国家禁用杀虫剂DDT数十年后,南极阿德利企鹅体内仍检测出这种有毒物质,且含量多年来始终不降。他们认为,这是因为DDT被"储存"在冰川中,持续影响南极的生态环境。

🔺 这是生活在南极洲阿德利岛上的企鹅。阿德利企鹅体内被检测出DDT有毒物质,且含量多年来始终不降。

DDT 如何到南极的

南极没有农田种植,也没有撒播农药的行为发生,DDT是如何到南极的?据科学家分析,这可能是因为DDT等化学物质被蒸发后经大气层传播到南极,然后冷凝,"储存"到冰川中,证据之一是研究人员在冰川融化后的水中检测出了DDT。

南极企鹅的安危

虽然南极企鹅体内的DDT含量没有下降多少，但是幸运的是这些DDT还不足以伤害到它们的健康。科学家还欣慰地发现，在过去的数十年中，北极野生动物体内的DDT含量在大幅下降。

◀ 海豹吃了体内含有DDT的企鹅，它的身上也就含有了DDT毒素。

病毒的蔓延

当海豹等动物吃了企鹅后，毒素就会转移到海豹身上。如果再有其他动物吃了这些企鹅或者海豹，毒素会进一步传播开。

我和环保

南非政府正为一群濒临灭绝的企鹅制订一个保护计划，为其提供玻璃纤维的圆顶小屋来供其栖息，希望以此来弥补由于环境恶化而引起的自然鸟巢地的损坏。

▼ 由于全球气温升高，南极企鹅数量正在锐减。

DDT 的危害

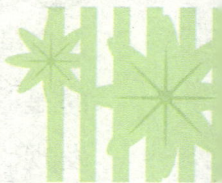

在科技发展起来之后，人类可以利用形形色色的杀虫剂更有效地杀死那些危害农作物的害虫了。同时，一些含有剧毒的农药也开始渗入土壤，进入农作物里，最终缓缓地进入食用这些作物的人类体内。

△ 早期使用杀虫剂能有效防治病虫害，提高作物产量。

农药是什么

农药是为了保障或者促进作物成长，所施用的杀虫、除草等很多药物的统称。这些药物具有或强或弱的毒性，不仅会杀死害虫，也会杀死其他自然界中的动物，对人体也有一定的危害。

功过参半

DDT 并不是毫无功劳的，它为20世纪上半叶防止农业病虫害，减轻疟疾、伤寒等蚊蝇传播的疾病危害起到了不小的作用，但是由于毒性太大，危害环境和人类健康而被禁止。

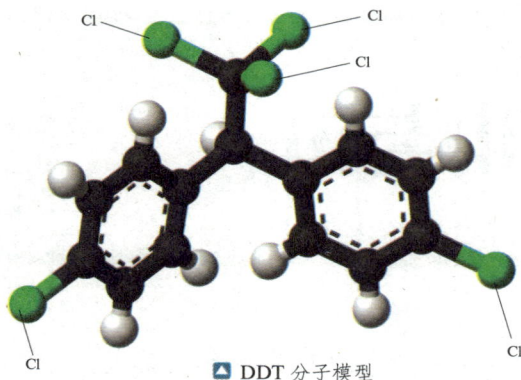
▲ DDT 分子模型

什么是 DDT

DDT 也叫滴滴涕、二二三，化学名为双对氯苯基三氯乙烷（Dichloro-Diphenyl-Trichloroethane）。中文名称是从英文缩写 DDT 而来，是白色晶体，不溶于水，溶于煤油，是有效的杀虫剂。

DDT 对人体的危害

DDT 是一种易溶于人体脂肪的有毒人造有机物，并能在其中长期积累。它可以扰乱人类的荷尔蒙分泌，降低人体免疫力，甚至导致癌症发生。

▶ 大量地使用化肥和农药会使其中一些残留在食物和水中，影响人类健康。

我和环保

DDT 最先是在 1874 年被分离出来的，但是直到 1939 年才由瑞士诺贝尔奖获得者化学家保罗·穆勒重新认识。穆勒认为 DDT 是一种很有效的神经性毒剂，杀死昆虫的能力更优秀。

DDT 如何进入人体

DDT 本来是不会轻易进入人体的，因为没人会傻到去喝农药。但是，没有洗干净的菜叶，或者误食沾有 DDT 植物的动物体内都会含有不同程度的DDT，人类一旦食用了这些食物，就会将 DDT 引入体内。

DDT **的功与过**

1945 年，一种喷洒白色药剂的车辆进入美国人的生活，从此蚊虫不再肆虐，农田里的害虫大批死亡，农业出现大丰收。但在 1972 年，美国环保署还是禁止了这种叫 DDT 的白色药剂。

曾经的辉煌

在人类历史上，DDT 曾是最流行的杀虫剂。DDT 在第二次世界大战中开始大量地以喷雾方式用于对抗黄热病、斑疹伤寒、丝虫病等虫媒传染病。例如在印度，DDT 使疟疾病例在 10 年内从 7 500 万例减少到 500 万例。

▼ 农用车喷洒农药

邮票上的 DDT

1962 年的世界卫生日，各国为响应世界卫生组织建议，都发行了世界联合抗疟疾邮票。这是全世界以同一主题同时发行的邮票，许多国家的邮票图案都不约而同地采用了 DDT 喷洒灭蚊的画面。

DDT 的危害

鸟类体内含 DDT 会导致产壳蛋软而不能孵化，尤其是处于食物链顶极的肉食鸟，如美国国鸟白头海雕几乎因此而灭绝。对于人体来说，DDT 可能导致人体免疫力下降或者引发癌症。

△ 人类大量使用 DDT，使许多野生动物间接地受到 DDT 的危害，孵化率大大降低。

我和环保

美国生物学家蕾切尔·卡逊在她的著作《寂静的春天》中对 DDT 产生了高度的怀疑。她在文中描述：突然有一天，在田野、江河和草原上，大批鸟儿死亡；遍地死鱼，很多人得了癌症。

禁止 DDT

为了保护生态环境，保障人类的身体健康，许多国家都先后禁止了 DDT 的生产和使用。2007 年 5 月 3 日，世界公共卫生与环境署主任玛丽娅·内拉在斯德哥尔摩公约签署会议上说，世界卫生组织的目标是要减少 DDT 的使用，甚至完全禁用。

▷ 地面上含有 DDT 的雨水流进小溪与河流之后，再通过食物链上的各个环节由一个机体传至另一机体，对生物构成危害。

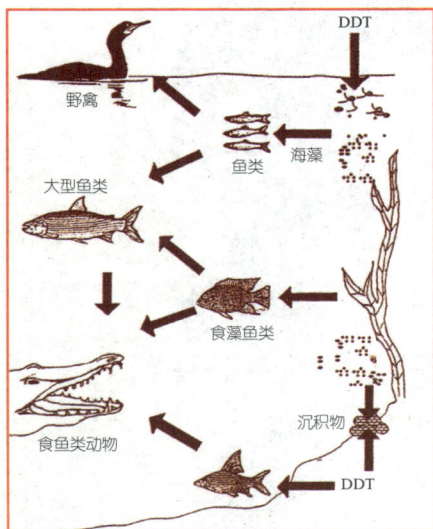

生物共生

树叶上有很多蚜虫在贪婪地吸食着汁液,瓢虫和蚂蚁悄悄地靠了过来……令人出乎意料的是蚂蚁非但没有吃蚜虫,还把瓢虫给赶走了! 蚂蚁为什么要保护瓢虫呢? 原来,这只是生物共生的一种表现形式而已。

◀ 蚜虫和蚂蚁

蚂蚁牧场

蚜虫是靠植物的汁液生活的。它们的粪便是亮晶晶的,含有丰富的糖,我们称之为"蜜露"。蚂蚁非常爱吃蜜露,常用触角拍打蚜虫的背部,促使蚜虫分泌蜜露。人们把蚂蚁的这一动作叫做"挤奶",而把蚜虫比喻为蚂蚁的"奶牛"。

牧场的管理

秋天到了，蚂蚁会把"奶牛"——蚜虫赶到蚁巢里养起来。等春暖花开，蚂蚁再把这些"奶牛"送到绿树或青草上。搬运蚜虫时，蚂蚁用颚牢牢地叼住蚜虫，蚜虫也配合得很好，它顺从地收缩起小腿，以免被挂在树枝上。

🔺 蚂蚁和蚜虫共生

我和环保

蚂蚁和蚜虫之间形成了一种相互适应的共生关系：蚜虫为蚂蚁提供食物，蚂蚁保护蚜虫，给蚜虫创造良好的取食环境。

乞丐虫

乞丐虫是一种长度仅有5毫米~6毫米的棕红色小甲虫，饥饿的时候，它们只要轻轻碰一下路过的蚂蚁，就会获得食物。令人不可理解的是，每当蚁巢遭到侵袭，蚂蚁总是先抢救乞丐虫，再去救自己的幼虫。

超级迷魂药

科学家研究发现，原来乞丐虫会分泌一种醚类汁液给那些路过的蚂蚁。蚂蚁对乞丐虫渗出物的偏爱，就像有人喜欢抽烟、喝酒一样。蚂蚁正是因为沉迷其中，才会做出连自己下一代都不顾的蠢事。

蚂蚁和蝴蝶

天上飞舞的蝴蝶和蚂蚁会是一对好朋友,你觉得可能吗?其实蚂蚁的牧场里可不仅仅是蚜虫,还有很多其他的昆虫幼虫。蝴蝶的幼虫就是这里的常客,一些蚂蚁甚至还会将自己的幼虫贡献给这些蝴蝶的幼虫做食物。

昆虫星球

如果单从数量上看,我们这个星球是由昆虫统治的。地球上已知有大约1万种蚂蚁,它们是数量最多的昆虫。蚂蚁和很多生物形成了共生关系,这种关系不仅是相互利用,更是一种相互依存。

▼ 蚂蚁和昆虫幼虫

蓝蝶

成熟的蓝蝶个头较小,差不多只有一张邮票大小。在它们的幼虫阶段,腹部有很多腺体,所分泌出的挥发性物质具有诱惑蚂蚁的香味。蓝蝶幼虫便成了蚂蚁的"食品"。

▲ 蓝蝶

相互索取

寒冷的冬天来临了,蓝蝶的幼虫禁不住严寒的袭击,都被蚂蚁搬进温暖舒适的蚁穴里,蚂蚁吸食蓝蝶幼虫分泌的蜜露,而把它们自己的幼虫作为食物奉献给这位贵客,招待得如同上宾。

结束合作

春天来临,破茧而出的蝴蝶不再给蚂蚁提供任何东西。因此,它此时反而会成为被攻击目标。幸好这些蝴蝶身上长着一层细小的鳞屑,当蚂蚁去攻击它时,那些鳞屑很容易纷纷剥落。而蓝蝶趁机摆脱蚂蚁,自由自在地飞走了。

▼ 蚂蚁和蝴蝶

蝴蝶哀歌

一种奇怪的现象笼罩了英国的田野,有一种叫"欧洲蓝蝶"的美丽蝴蝶忽然变少了。谁也猜不透这种会飞的美丽"花朵"上哪儿去了。科学家通过不断的观察才发现,原来另外一种动物的灭绝导致了蝴蝶的减少。

蓝蝶之死

科学家进行了广泛的调查研究,终于发现,欧洲蓝蝶已经在英国绝种了。而引起蓝蝶绝种的原因,又与两种蚂蚁息息相关。而如今,这两种蚂蚁也失去了踪影。

▶ 蓝蝶

蚂蚁和蓝蝶

英国人没有想到,由于他们破坏了两种细小蚂蚁种群的生活习性,导致了它们的灭绝。更让自然爱好者们感到难过和震惊的是,蚂蚁的死也把欧洲蓝蝶送上了绝路。因为这种蚁与蝶之间存在着生死与共的关系。

🔲 树林旁的推土机不仅挖去了草坪,也将蚂蚁生活的洞穴一起毁坏了。

推土机下的死亡

人类在很多物种的灭绝案件中都扮演着凶手的角色。为了建设施工,隆隆的推土机无情地破坏了蚂蚁的生存环境,这直接导致了两种稀有的蚂蚁种群灭绝。

🔲 虽然蝴蝶是一种美丽的生物,而且可以有效传播花粉,但是蝴蝶的幼虫仍然是害虫,因为一些蝴蝶的幼虫会以田里的果蔬庄稼为食物,影响农作物的生长。

蝴蝶哀歌

大自然就是这样复杂而有趣,地上爬的蚂蚁和空中飞的蓝蝶居然结成了同生共死的盟友。推土机把两种蚂蚁的栖息地给毁了,从而也灭绝了这两种蚂蚁。"城门失火,殃及池鱼",与蚂蚁相依为命的蓝蝶随之消失,仅仅给人们留下了美好的记忆。

濒危动物

在地球演变的过程中,生物的进化和灭绝都是必然的趋势。但现代野生动植物快速灭绝的现象并不起于自然演化过程,而是因人类行为所致。很多动物本可以活得更久远一些,然而在人类的屠杀下却迅速灭绝了。

物种的自然选择

地球是迄今为止宇宙中唯一存在生命的星球。大约30亿~40亿年前地球诞生生命以来,在进化的过程中产生了许多生物种类。后来由于受气候、地形和生物间的竞争影响,一些生物品种灭绝了。

我和环保

2006 年,联合国和平信使珍·古道尔博士被授予法国军团荣誉勋章。她同时被联合国教科文组织授予联合国教科文组织 60 周年勋章,表彰她为保护濒临灭绝的非洲黑猩猩做出的贡献。

◀ 扬子鳄是中国特有的一种鳄鱼,也是世界上体型最为细小的鳄鱼品种之一。扬子鳄现在的野生数量非常稀少,成为了世界上濒临灭绝的爬行动物之一。

物种消失加速

科学家估算地球约有 5 000 万个物种。根据迈尔斯《消失的方舟》一书列出的物种每年灭绝的速度是：恐龙时期 0.001 个，1600—1900 年 0.25 个，1900 年 1 个，1975 年 1 000 个，20 世纪最后 25 年每年平均 4 万个。

由于森林的大肆砍伐、无节制捕猎以及非法宠物交易等因素，使得山地大猩猩遭到大批杀害。

物种消失的原因

根据国际自然保护联盟的报告，野生动植物灭绝的主要原因是：生态环境，特别是热带雨林、珊瑚礁、湿地、岛屿等环境的破坏和恶化；人类掠夺性的捕猎和砍伐；外来物种的影响；栖息环境被毁和食物不足所致。

凶手就是人类

人们穿着貂皮大衣，手拿鳄鱼皮包的时候，或者拿着象牙制品的时候，可曾想过有多少动物倒在了人类罪恶的枪口下。因人类行为而导致野生动植物快速灭绝，已成为地球环境的突出问题之一。

苏门答腊虎是老虎中体形最小的一种，它的皮毛又深又暗，黑色条纹排列整齐，间隔较小，被认为是上乘的皮草。现在，全球仅存不到 500 只的苏门答腊虎，面临着灭绝的危险。

生物入侵

一个地区有它固有的生态圈,稳定的食物网使得生活在其中的每一个生物都能够均衡地发展。而一旦有不属于这个食物网的物种进入,那么它们就会打破已有的食物链,从而影响到整个生态圈。

生物入侵

生物入侵是指生物由原生存地经自然的或人为的途径侵入到另一个新环境,对入侵地的生物多样性、农林牧渔业生产以及人类健康造成经济损失或生态灾难的过程。

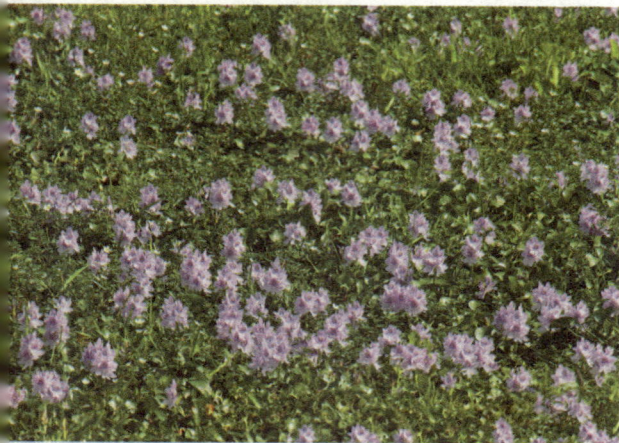

▲ 凤眼莲在中国南方已经泛滥成灾,它被形容为"生态系统的癌变"。

水葫芦

水葫芦也叫水浮莲、水凤仙,原产于南美洲,已被列为世界十大害草之一。大约于 20 世纪 30 年代作为畜禽饲料引入我国,我国滇池内连绵 10 平方千米的水面上生长着水葫芦,严重影响了滇池的生态系统。

危险的龙虾

很多人都吃过麻辣小龙虾，硕大的虾头，通红的外表，加上物美价廉，深受客户欢迎。然而，这种原产于墨西哥的克氏原螯虾有一种打洞穴居的习惯，对池塘、湖泊和水库的安全造成了极大的威胁。

◀ 龙虾有时会携带肺吸虫等寄生虫和病菌，如果烹饪得半生不熟，还会对食用者的健康造成威胁。

生物入侵的危害

我国是"外来物种入侵"造成严重灾害的国家之一，据统计，松材线虫、湿地松粉蚧、松突圆蚧、美国白蛾等森林入侵害虫每年危害的面积约150万公顷。外来生物一旦入侵成功，要彻底根除极为困难，而且费用昂贵。

美味的外来物种

在我们的日常生活中，"外来物种"与我们的日常生活密不可分。我们平常吃的小麦原产地在中亚和东亚，石榴、核桃、葡萄原产于东亚，胡萝卜、菠萝原产于印度。而美国加州70%的树木、荷兰市场上40%的花卉、德国的1000多种植物都来自我国。

▶ 豚草原产于北美洲，是恶性杂草，对禾本科、菊科等植物有抑制、排斥作用。现已被我国列入首批16种危害严重的外来入侵物种之一。

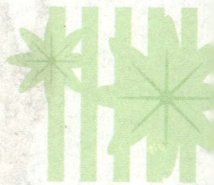

生物制约

　　"物降一物"的意思是,一种生物往往会被另外一种生物制服或者伤害。例如:貌似凶狠的豺狼会被狮子吓跑,而狮子再威猛也惧怕大象。人类却可以利用这个方法来达到无公害治理环境的目的。

仙人掌入侵

　　澳大利亚原先没有仙人掌,一位牧场主去南美洲旅行时将它带回种在了自己牧场的四周做栅栏。可是生命力极强的仙人掌不甘于做牧场的栅栏,开始向牧场进军了。10年后,澳大利亚几十平方千米的牧场成了仙人掌的王国。

▼仙人掌

如何克制仙人掌

为什么仙人掌没有给南美洲造成这种灾难呢？显然，南美洲有降服仙人掌的天敌。澳大利亚年轻的昆虫学家阿连·铎特经实验发现仙人掌的天敌是一种昆虫，也就是说，要控制仙人掌的生长，还必须要引进其天敌。

夜蝴蝶

引进仙人掌已经让澳大利亚人吃亏了，所以他们引进仙人掌的天敌时就很谨慎地进行着。多次试验后，他们终于圈定了夜蝴蝶：它只吃仙人掌，不吃澳大利亚其他的植物，尤其是农作物，同时它不会威胁澳大利亚本土昆虫的生活。

▲ 一位昆虫学家发现阿根廷有一种专门在夜间活动的蝴蝶，它只以仙人掌为食，而且胃口很大。于是他将这种夜蝴蝶虫卵带回澳大利亚繁殖、放养。果然，夜蝴蝶成为有效的仙人掌克星，它们所到之处，成片的仙人掌被吞噬、消灭。

成功的防治

当夜蝴蝶来到澳大利亚后，很快就结束了仙人掌灾难。而仙人掌少了，夜蝴蝶没的可吃，数量也逐渐减少起来，没有在澳洲造成新的灾难。从此，夜蝴蝶的成功引进被传为佳话。

▶ 墨西哥是仙人掌的故乡，在仙人掌的2 000多个品种中，墨西哥有一半以上，因此享有"仙人掌王国"的美誉。

夏威夷的烦恼

夏威夷岛是夏威夷群岛中最大的岛屿。这里物产丰富，有着富饶的热带经济作物。但是，由于来往的船只携带来了大量老鼠，严重破坏了这里的生态环境，于是为了消灭这些老鼠而上演了一场可笑的闹剧。

夏威夷

夏威夷是一个风景迷人、物产丰富的岛屿，这里有很发达的制糖作物。此外，夏威夷还是一个旅游胜地，这里游客往来不断。

▽ 夏威夷海岸

偷渡的老鼠

夏威夷本来没有老鼠,老鼠是跟着各种货物偷渡进来的。因为没有天敌,老鼠肆意地繁衍,它们在夏威夷大大小小的岛上建立了许多的殖民地。老鼠不只给居民生活造成困扰,最糟的是它们严重破坏了夏威夷的制糖工业。

▲ 人们为了证实猫鼬的实力,人们将猫鼬放进了一只关着三只老鼠的笼子中,很快三只老鼠就被猫鼬给消灭了。于是,人们开始确信无疑地决定引进猫鼬来消灭老鼠。

猫鼬登场

要捕捉这些老鼠靠人类是不够的,因此人们想要一种动物,它要具备快速适应新环境的能力、凶猛的攻击性和高度的繁殖力,最重要的是还要爱吃老鼠。在人们脑海里立刻出现的就是猫鼬的形象了,它符合以上所有特点。

▲ 猫鼬

哭笑不得的结果

奇怪的是猫鼬的引进并没有减少老鼠的数量,反而野生的鸟类被猫鼬给骚扰得无法生存。这是因为猫鼬只在白天出来捕食,晚上就回去睡觉了,而老鼠恰恰是在晚上才出来行动,因此它们根本没有机会碰面。

人兔大战

捕猎兔子是很多猎人的爱好，他们为了捕捉一只兔子，有时甚至要等待很久。而当你身边突然出现成千上万只兔子时，恐怕你就不会再有兴趣去体会打猎的乐趣了。而这场规模宏大的人兔大战就在澳大利亚上演着。

抵御兔子的"长城"

侵入澳大利亚的兔子啃光当地的草皮，导致了土地的沙漠化，进而危及袋鼠的生存空间。澳大利亚政府为抑制兔子繁殖的速度，甚至筑起一条长达 1 560 千米的铁丝网，却依然无济于事。

▼ 澳大利亚的袋鼠

▲ 澳大利亚草原为兔子提供了良好的生存条件。加上缺少天敌，兔子就加速繁殖起来。之后兔子在草原上到处挖洞，毁坏了牧草的根，造成草场大面积退化。

人兔大战

澳大利亚的兔子入侵，造成了一场前所未有的环境灾难。为此，澳大利亚政府动用军队，全副武装出击，对兔子进行歼灭，但收效甚小。随后，他们又对兔子采取了更残忍的细菌战。

我和环保

1981年，广东引进了一种福寿螺，但由于养殖过度，市场效益差，而被遗弃，它们很快扩散到自然界。福寿螺除威胁入侵地的水生贝类、水生植物和破坏食物链构成外，还携带大量病菌，因此被列入中国首批外来入侵物种。

细菌战

1951年，澳大利亚从南美洲引进一种能使兔子致死的病毒，让兔子染上病毒并传播，结果99%以上的兔子病亡，兔害基本消除。

顽强的生命力

可是少数大难不死的兔子对病毒产生了抗性，于是又重新迅速生儿育女。1993年，兔子再次达到4亿余只，以致澳大利亚"人兔之战"至今还在继续。

▲ 兔子喜欢吃草，而且还有刨食草根的爱好。再加上兔子的繁殖能力强，这对于草原来说无疑是灭顶之灾。

77

遭殃的蛇

农夫和蛇的故事中，农夫救起了冻僵的蛇，而蛇醒过来后却咬死了农夫。在诸多故事中，蛇都是一个邪恶的角色，屠杀和捕捉蛇也就看似天经地义了。这些错误的观点其实正在扼杀一条条忠于职守的环保卫士。

为蛇平反

地球上毒蛇的种类其实并不多，比如北京约有13种野生蛇类，只有1种是有毒的。而且蛇在维护生态平衡方面也起着极其重要、不可替代的作用。

利益的诱惑

一些人爱吃蛇肉或用蛇肉作药材，因此蛇肉被抬高达数百元的价格出售。巨大的利润吸引了一群不法商贩，他们在野外疯狂捕杀野生的蛇。

△ 陆地上最毒的蛇是澳大利亚西部的内陆太攀蛇，一条蛇的毒液能毒死25万只老鼠。

农田生态食物链

老鼠、蛇、青蛙等动物组成了最基本的农田生态食物链，老鼠以农作物为食物，它们繁殖率高，数量众多。而青蛙和老鼠都是蛇的食物，在蛇的制约下，老鼠数量得到控制，保护了农作物。但是，蛇太多了又会影响到青蛙的安全。

我和环保

一些不法商贩只有金钱意识而没有环保意识，他们违法抓蛇贩卖。我们要坚决抵制吃蛇和青蛙等野生动物，而且一旦发现有人贩卖要及时举报。

◀ 对于蛇来说，老鼠和青蛙都是它的美餐。蛇吃老鼠是对环境有利的事情，但是蛇大量地吃青蛙就不是好事了。

蛇的用途

蛇浑身都是宝，这也成为蛇被捕杀的原因之一。蛇皮可以做成皮革制品，蛇胆可以入药治疗疾病。蛇类一般不会视人类为猎物，多数蛇都不会主动攻击人类，除非它受到惊吓或伤害，它才会发动攻势，否则蛇类一般都会避免与人类发生接触。

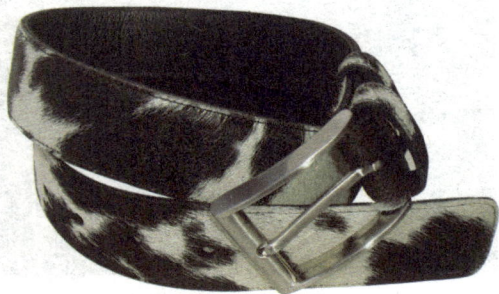

🔺 蛇皮是制革工业的重要原料，通常可制成小提包、皮带、小钱包、领带、皮鞋、皮包、马甲等皮制品。

疯狂的老鼠

老鼠的名声一直不是太好,因为它们不但喜欢偷吃人们辛苦种出的粮食,还会传染疾病。直到今天,老鼠也是粮仓中被重点防范的动物之一。老鼠带来的疾病曾经夺去了无数人的生命,它们在人们的心中一直是瘟疫的代名词,死神的帮凶。

欧洲大瘟疫

中世纪的欧洲曾经爆发了一场大瘟疫,老鼠身上的寄生虫将鼠疫传播到了人类身上。这场瘟疫在全世界造成了大约7500万人死亡,据估计,中世纪欧洲约有二分之一的人死于瘟疫。

▲ 中世纪欧洲约有三分之一到三分之二的人死于黑死病。这幅图将鼠疫等疾病幻想成了死神的军队,前来夺走人们的生命。

黑死病

黑死病的一种症状就是患者的皮肤上会出现许多黑斑,所以这种特殊瘟疫被人们叫做"黑死病"。对于那些感染上该病的患者来说,痛苦的死去几乎是无法避免的,没有任何治愈的可能。

老鼠的天敌

消灭老鼠最好的方法不是药物或者人类捕杀，而是利用蛇和猫头鹰等老鼠的天敌进行控制。人类为了利益捕杀了蛇，也就等于是为老鼠的大量繁殖提供了基础，而老鼠最终会侵害人类。所以捕杀蛇就是人类的自杀行为。

◀ 猫头鹰是捕杀老鼠的能手。

地震之后

地震是可怕的，但是地震过后的疫病灾害比地震更可怕也更持久。地震之后，很多地方的水源和生态环境都被破坏了，这时一旦让携带细菌的老鼠进入幸存者的聚集地，就很容易引起大范围的疫病。

不断生长的牙齿

老鼠咬坏木头家具并不是因为它们爱吃木头，而是要磨损它们的牙齿。老鼠长有一对不断生长的大门牙，所以老鼠总是咬坏衣柜、木箱以不停地磨牙。

▼ 在一些温度、湿度适合的情况下，拥有充足食物的老鼠会大量繁殖，形成鼠灾。

间接伤害

有时候常常听人说吸"二手烟"这个词，意思是闻到烟味儿的人要比吸烟的人受到的危害更大。有时候，还会有人说，杀虫剂在杀死蚊虫的同时，也在威胁着人类的健康。这些都是真的吗？让我们听听科学家的说法。

香水之毒

很多的香水以及空气芳香剂添加了具有一定毒性的香料，不仅对使用者的身体健康造成一定的危害，而且周围人群吸闻到含有有害物质的"二手香"也会使自身健康受到威胁，尤其是孕妇和婴幼儿更应该远离这些香水和芳香剂。

◀ 香水中增加香味可以使香料的味道变浓，使香水中的所有成分有更好的相容性，留香也更为持久。

三聚氰胺

人们在鸡饲料中添加了能增加蛋白质含量的有毒物质——三聚氰胺。结果是这些鸡所下的蛋中都含有了这些有毒的三聚氰胺，而人们吃到这些"毒"鸡蛋就会引发疾病。

▲ 蚊香在驱赶蚊虫的同时，也在危害着人类的健康。

蚊香的危害

点一盘蚊香释放出的超细微粒和烧 75 支 ~ 137 支香烟的量相同，其释放的超细微粒可以进入并留在人的肺里，因此，短期内可能引发哮喘，长期则可能引发癌症。因此，蚊香不能长期使用，即使使用也要保持通风良好。

什么是"二手烟"

"二手烟"既包括吸烟者吐出来的主流烟雾，也包括从纸烟、雪茄或烟斗中直接冒出来的侧流烟。"二手烟"中包含 4 000 多种物质，其中包括 40 多种与癌症有关的有毒物质。

▼ 吸烟严重危害人体健康

"二手烟"的危害

2007 年 5 月 29 日，卫生部发布《2007 年中国控制吸烟报告》。报告指出，我国有 5.4 亿人遭受被动吸烟之害，其中 15 岁以下儿童有 1.8 亿，每年死于被动吸烟的人数超过 10 万，而被动吸烟危害的知晓率却只有 35%。

水与生态系统

水 是生态系统中最重要的一环，它不仅维系着大气的循环，也蕴藏着生命。水体中，正常的食物链是：由绿藻吸收水中的氮和磷，浮游生物再吃绿藻，小鱼吃浮游生物，大鱼吃小鱼……如此维持了水体的生机勃勃。

河流的污染

河流生态系统实际上随处受到非持续性开发、有限淡水资源过度利用和不合理利用的威胁。在地球上500条主要河流中，有250条因过度被利用遭到严重污染而枯竭。

▼ 湿地拥有众多的野生动植物资源，是重要的生态系统，很多珍稀水禽离不开湿地。

消失的湿地

地球上一半的湿地已经丧失，而且大多发生在过去的50年间。因为这些富饶的地区孕育了丰富的野生生物，湿地的丧失直接导致了以湿地为生的物种消失，不可挽回地损坏了生态系统中的生物多样性。

缩小的湖泊

地球上的湖泊中将近一半因为人类活动而退化,主要的威胁是过度捕捞、污染和物种引进等,这些威胁的源头来自于不断增长的人口,城市的扩张和无节制的工农业建设。

△ 遭受污染的河流

水体污染

20 世纪 60 年代开始,随着工农业的发展,水域中积聚了许多人类活动排放的营养物。富营养化指当水体中的氮、磷营养性质过剩时引起的湖泊、河、海等水体水质污染的现象。

水体富营养化

由于富营养化的关系,水体中的藻类及其他浮游生物迅速繁殖,消耗水中的氧气。整个水体因而发臭,最终造成藻类、浮游生物、植物、水生物和鱼类衰亡甚至绝迹。

△ 水生植物过度生长造成的水体富营养化

保护生态系统

1972 年 6 月 5 日至 16 日,联合国在瑞典斯德哥尔摩召开了人类环境会议,并通过了《人类环境宣言》。这次会议成为人类环境保护工作的历史转折点。它加深了人们对环境问题的认识,也扩大了环境问题的范围。

地球生态系统

我们身边的动物、植物、微生物都是人类的朋友,与我们息息相关,我们就好像生活在一个大的地球生物链中,每一种生物都是其中的一环。保护这个链条不断,也是保护我们人类自身,所以请珍惜我们身边的生物。

▽ 植树造林,防沙固土。

可持续发展

1992 年 6 月,在巴西里约热内卢召开了联合国环境与发展大会,提出了"可持续发展的战略",其基本思想是:"在不危及后代人需要的前提下,寻求满足我们当代人需要的发展途径。"即维持人类在地球上的长远战略。

▲ 改善汽车排气量，可以减少对大气的污染。

地球发烧了

温室效应是指二氧化碳、一氧化二氮、甲烷、氟利昂高温室气体大量排向大气层，使全球气温升高的现象。全球每年向大气中排放的二氧化碳大约为 23 万亿千克。

节约水源

地球的年耗水量已达 7 万亿立方米，加之工业废水的排放，化学肥料的滥用，垃圾的任意倾倒，生活污水的剧增，使河流变成阴沟，湖泊变成污水池；乱垦滥伐造成大量水分蒸发和流失，饮用水在急剧减少。

保护生物多样性

生物多样性减少是指包括动植物和微生物的所有生物物种，由于生态环境的丧失，对资源的过分开发，环境污染和引进外来物种等原因，使这些物种不断消失的现象。

我和环保

水龙头如果没关紧就会不停的滴水。据统计，1 小时不断地滴水可以聚集 3 千克左右的水，一天可以收集 70 多千克水。所以，请随手关上那些不停滴水的水龙头。

▽ 节约用水，从我做起。

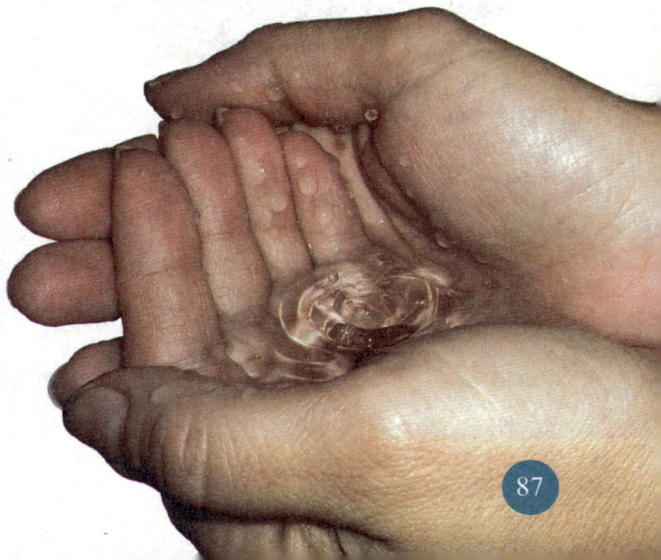

87

人口危机

1987 年7月11日,当时的联合国秘书长专程赶到南斯拉夫看望一个新降生的男婴,因为他是地球上第50亿位公民。此行的目的是通过孩子的降生来唤起全世界对人口增长的忧患意识。

快速增加的人口

△ 在贫困的印度地区,人口的增长给经济及社会发展带来了沉重的压力。

据专家统计,400多年前,全世界人口也只有5亿。而短短的200年后,也就是1850年的工业革命时期,世界人口达到了10亿。又过了100多年,1987年,人口达到了50亿。任何物种的无限制增多都是在对环境施加压力。

地球能养活多少人

按照地球上现有的动植物数量以及人类每天消耗的能量来说,地球仅仅能养活不到50亿人。今天,地球上的人口早已超过这个数字,之所以能维持下去,是因为世界上有很多人在挨饿。

▲ 人口过剩不仅会使自然资源负荷过重，而且还会对环境造成很大的污染。

人口与环境

一直以来，人们总是将人口问题和环境问题看成是两个不同领域的事情。其实，人口的不断增加早已经破坏了生态环境和生态平衡。

人口危机

人类为了满足众多人口基本生存的需要，不得不过度使用那些宝贵的资源，如砍伐森林，开垦草原，掠夺式开采地下矿产，从而引起严重的环境污染并破坏原有的生态平衡。

保护家园

地球是人类的家园，要想使地球村中的人类与自然协调发展，一方面人类要控制人口的盲目增长，另一方面要开拓更多的食物来源，否则人类终将陷入无休止的灾难中。

▲ 中国拥挤的人群

保护我们的地球
生物与生物圈